追问时间的过程，
或许比答案本身更珍贵。

时间从哪里来

狐狸家　著

中信出版集团|北京

目　录

第二章　自然界和宇宙里的时间

第三章　时间与科学

第四章　感受时间

生命的慨叹

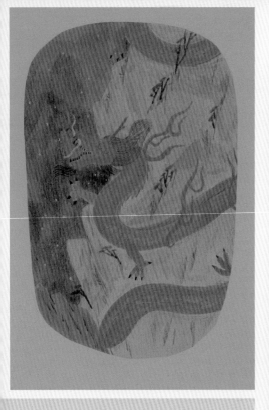

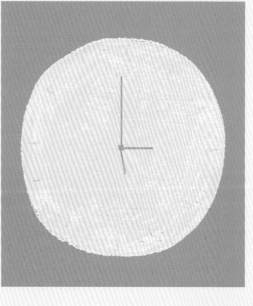

第一章
认识时间

我们的一天

一天是从什么时候开始的呢？是从早晨刚刚睁开眼睛那一刻开始的吧。晨曦透过窗帘，悄无声息地落在视线可及的地方，又渐渐在房间里晕染开来。一天又是在什么时候结束的呢？也许是在沉入梦乡的那一刻吧，连窗外树林里的小鸟们也收起翅膀安静地休息了。

从慢慢放亮的早晨，到天空渐渐被墨色染黑的夜晚，再到又一个黎明来临，这中间所经历的时间，就是属于我们的一天。这一天里，时间耐心陪伴在我们左右，在岁月的年轮上刻录下这一天的专属记忆，又领着我们，步履不停地奔跑进新的一天。

昼夜交替

地球是一个既不发光又不透明的球体，太阳只能照亮地球的一半，
于是地球上就有了昼与夜之分。

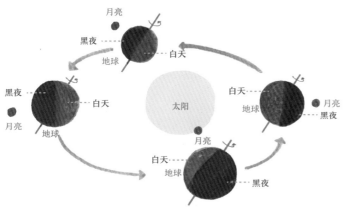

地球昼夜交替示意图

不同时间太阳的不同位置

地球自转

当太阳光照射到地球上，地球有一半球面接收到光线，那另一半就永远在黑暗中吗？当然不是。
我们所生活的这颗蓝色星球一直在不停自转着，阳光会照射到不同的地方，有的地方刚迎来日出
的第一缕光芒，另一些地方则正目送辉煌的日落，昼与夜交替出现。

动手做一做

昼夜如何交替呢？

夕阳收走最后一丝光线，暮色笼罩家园，可以带上手电筒和足球，去户外草坪上，寻找昼夜交
替的秘密啦。把手电筒的光照向足球，明亮的一半表示那里正是白天，黑暗的一半表示处在黑
夜。转动足球，你会发现明与暗发生了变化，有的地方从白天走向了黑夜，有的地方重返光
明，实现了昼夜交替。

准备材料：

手电筒（或其他可以发光照
明的物体）、足球（或其他
任何不透明的球）

一天从什么时候开始？

子时

古时候，日出而作、日落而息的中国人把子时作为一天的起点。古代人把一天分为 12 个时辰，1 个时辰相当于现在的 2 个小时，子时就是夜间 11 点到凌晨 1 点这段时间。

正午

远洋水手有时会在午夜遇到风暴，他们必须把夜间的情况完整记录在航海日志上。所以他们会把午夜那段时间归入一天之中，因此航海记录通常以正午作为一天的开始。

一天怎样划分？

如果没有更细致的时间来指导人们作息，生活就会像一个被弄乱的毛线球，找不到起始的线头。那么一天究竟是怎样细分的呢？祖先早已给出他们智慧的答案。

12 个时辰

太阳光照射在物体之上，形成的影子会随着时间移动并产生变化，直至消失。古代中国人就根据光影的变化等，逐步总结并划分时辰，并照此作息。一昼夜被分为 12 个时辰，分别命名为：子时、丑时、寅时、卯时、辰时、巳时、午时、未时、申时、酉时、戌时、亥时。

24 时

古埃及人也观察到了天象的奇妙之处：有些星星会定期从地平线升起，非常规律地在夜空中移动。他们由此把昼夜各分成了 12 时，日出作为一天的开始，正午为昼 6 时，日落作为夜的开始，子夜为夜 6 时。不同季节每小时长度不等。古巴比伦人制定了等时法，将一天分为 24 个等长时段，即 24 时制。后来慢慢演变将子夜统一为一天的开始，我们现在使用的就是这种计时方法。

10:00

09:00

08:00

07:00

06:00

05:00

04:00

03:00

02:0

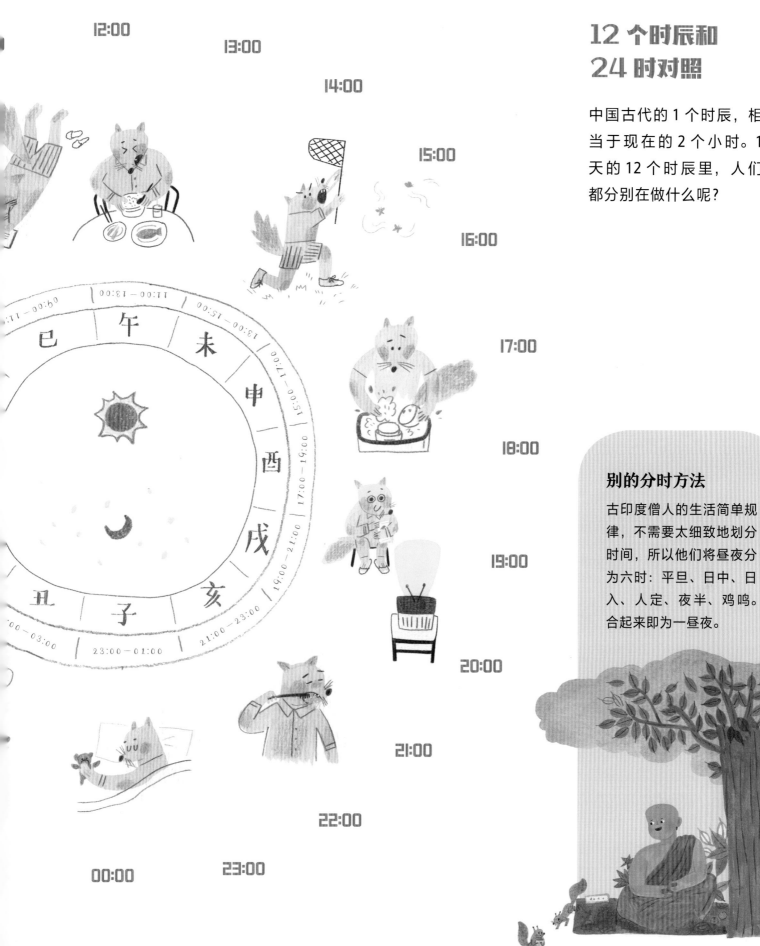

12:00

13:00

14:00

15:00

16:00

17:00

18:00

19:00

20:00

21:00

22:00

23:00

00:00

巳 午 未 申 酉 戌 亥 子 丑

11:00—13:00
13:00—15:00
15:00—17:00
17:00—19:00
19:00—21:00
21:00—23:00
23:00—01:00

12 个时辰和 24 时对照

中国古代的 1 个时辰，相当于现在的 2 个小时。1 天的 12 个时辰里，人们都分别在做什么呢？

别的分时方法

古印度僧人的生活简单规律，不需要太细致地划分时间，所以他们将昼夜分为六时：平旦、日中、日入、人定、夜半、鸡鸣。合起来即为一昼夜。

太阳神与时间

远古时代的人们，对天空中发出万丈光芒的太阳充满敬畏与崇拜，将太阳尊奉为伟大的神。人们认为太阳主宰万物的生命，主宰人类的昼夜交替。直到现在，仍流传着各种关于太阳神的传说。

中国的太阳神——羲和

羲和是中国传统神话里的太阳神，传说她生了10个太阳，住在高大的扶桑树上。每天早晨，羲和会驾着车，载着树梢上的太阳，从东方赶往西方，夜里再回到东方，第二天又载着另一个太阳出发。十个太阳轮番值守，永不停歇。古代中国人认为，羲和可以控制时间，是制定时历的太阳神。

时间之神——烛龙

相传有一个钟山之神叫烛龙，住在北方极寒之地，它的眼睛拥有神秘而强大的力量：睁眼时普天光明，大地迎来白昼；闭眼时天色即暗，万物顿时陷入黑夜。古代一些中国人认为，烛龙可在一睁一闭间切换人间昼夜，正是掌握时间的太阳神。

希腊的太阳神——赫利俄斯

希腊神话中有一位著名的太阳神，叫赫利俄斯。据说，英俊的赫利俄斯每天乘着太阳战车在天空中驰骋，从东至西，早出晚归，主宰着大地上的日夜交替与分秒流逝。

古埃及的太阳神——拉

古埃及的太阳神，名字叫作拉。古埃及人认为，太阳神拉不仅带来昼与夜的变换，更主宰着万物生长，让人间充满勃勃生机。他们害怕太阳落下后会不再升起，就建造出高大的神庙，祭祀供奉伟大的太阳神。

我们的一个月

一个月通常如何计算呢？如果平时喜欢观察月亮，你会从它那里得到答案，每当它从细细弯弯的月牙，逐渐变化成圆圆大大的满月，之后又变回银牙甚至消失，就表示一个月又过去了。把这中间流走的分分秒秒累加起来，就是一个月的时间。

月圆月缺

太阳落山后，大地沉入寂静，此时，月亮散发着光辉升上夜空。月亮的形态并不像太阳那样总是一成不变，它的形状每天都会发生变化，从圆到弯，甚至会消失不见。

上弦月

阴历

我们远古时期的祖先们是怎么记录时间的呢？在对生活长期观察之后，他们领悟并掌握了月亮变化的规律，发现两个月圆夜间隔的天数是相似的，就把这个周期叫作一月。聪明的祖先把月亮每一天的变化，用线条刻画在岩壁上或兽骨上，成为最早的月历，又叫作阴历。

阳历

也叫太阳历。它把一年定为地球绕太阳公转的周期，月的长度是人为规定的，与月亮圆缺无关。阳历的月份分为大月和小月。

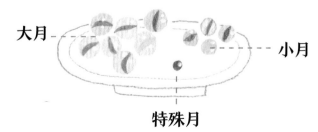

大月 —— —— 小月

特殊月

一年有 12 个月，分为 7 个大月、4 个小月和 1 个特殊月。

下弦月

动手做一做

一起感受月圆月缺吧！

月亮每天都在变化着，当我们将观察的时间线拉长，就会发现这变化还挺规律的。发现规律之后，再抬头看月亮，就能根据它的圆缺状态，预判出大致对应的时间啦。

1. 将纸画出三十个方格，每行十格，分别标上初一到三十。
2. 从阴历初一开始描画月亮的形状。
3. 每天观察记录月亮的形状，坚持到月底。

月亮的形状和月历之间有着怎样的关联？你发现弯月弯的方向有什么不同吗？

准备材料：
纸、笔

月亮神与时间

月的圆缺变化，让大地上的人们充分感知时间在行走。它不仅参与缔造了中国的阴历，也让世人在默默的仰望中生发出对宁静智慧的思考与求索。人们认为月亮守护着夜色中的万物，主宰着人类的时间。

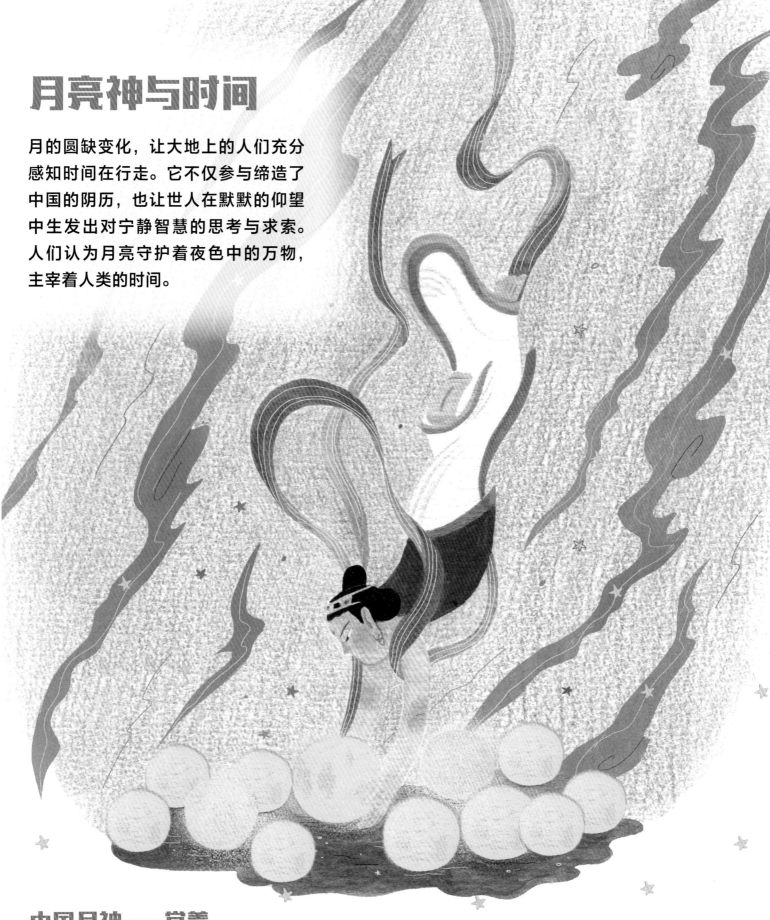

中国月神——常羲

在中国神话传说中，常羲是月亮之母，据说她生出 12 个月亮，即一年的 12 个月。在上古时代，常羲又成了制定时历的人。

希腊月神——塞勒涅

塞勒涅是希腊神话中的一位月神，后来希腊人认为她就是狩猎女神阿尔忒弥斯。古希腊人认为黑夜比白天更神秘，也更接近智慧。担当月神的她，戴着新月冠，身披长袍，守护着黑夜里的山峰、森林、荒野和群兽。

苏美尔月神——南纳

苏美尔人的居住地靠近波斯湾，夜晚的明月银光四射，蔚为壮观，形状的周期性变化更给它增添了神秘感，心怀敬畏的苏美尔人把月亮视为人格化的神灵。苏美尔的月神叫南纳，仁慈宽厚。

我们的一年

一年又是从什么时候开始的呢？当沉睡的冰河绽开一道带着温度的裂缝，河边的枯柳忽然吐露出小小的嫩芽，或许就在那个时候，时间摁下了新一年的启动键。一年又是在什么时候结束的？也许就是在爆竹喧天的除夕夜，和家人围坐在一起享用美味的年夜饭，期盼着零点钟声敲响又对过往的一年恋恋不舍的那一刻吧。

从万物复苏、春
暖花开，到景色
萧条、寒冬凛冽，
这中间一段缓慢流
转、枯荣交替的时间，
就是我们的一年。日复一日，
年复一年，我们也被时光刻画
在了生命的年轮里。

17

一年有多少天？

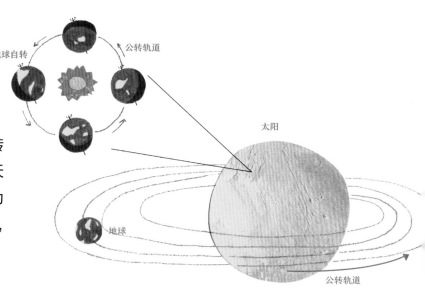

回归年

地球自转一天，大约是 24 小时。地球绕着太阳转完一圈，需要花费 365.2422 天，这就是一年的天数，叫回归年。为了方便计算，人们把一年定为 365 天，多出的 0.2422 天在第四年合成为一天，那一年就是 366 天，比平时多出一天，叫作闰年。

长期的天文观测，让人们很早就计算出回归年的长度。中国的天文学家就是通过观察太阳运动测算出来的。中国汉代人把一年定为 $365\frac{1}{4}$ 天，因岁余为四分之一天，所以叫四分历，用四分历指导四季的生活。

在欧洲，罗马人采用儒略历确立了回归年的长度，也是 365.25 天。现在我们所使用的公历，就是在儒略历的基础上修订的。古人有如此精准的测算，不由得让人惊叹他们敏锐的观察力与卓越的智慧。

闰年

每逢闰年，就会多出来一天，而这一天，被放置在 2 月的最后一天。所以每四年的闰年，2 月就比平常多出一天。

公历

在儒略历中，一年的平均长度比回归年长 11 分 14 秒。教皇格列高利十三世发现后，进行了修订，对闰年有了更细致科学的规定，就是现在世界上通用的公历。

一年有几个月？

古代中国人喜欢夜观星象，了解和记录星象的变化。他们发现，北斗七星连起来，很像一把勺子。这把勺子每个月还会悄悄转动，不同的季节，勺柄会指向不同的方向，一定时间以后又转回原来的位置。人们据此将一年分为 12 个月。

春　　　　　夏　　　　　秋　　　　　冬

一年有几个季节？

一年四季

古代人发现，植物会有荣枯的循环变化，候鸟在冬天总要振翅飞往南方，这些现象都和天气的冷暖密切相关，形成了规律性的变化周期。人们把这一周期用蕴含五谷成熟之意的"年"字来表示，并根据温度和景色的变化，把一年划分为四季：春、夏、秋、冬。

春

地气上升，唤醒沉睡中的万物。草长莺飞，花蕾渐次绽放，空气里弥漫着复苏的暖意。

夏

荷花从碧绿的荷叶间冒出来，阳光灼灼，大地充满炽热的气息。

旱季和雨季

在地球上，有的地方由于纬度原因，季节间的差异并没有那么明显，景色看起来也相差不多，只能靠雨水来划分季节。非洲大部分地区每年都会迎来旱季和雨季。

旱季主要集中在每年11月到来年4月，雨水少且温度高。

其余时间皆为雨季，持续下雨并且温度较低。

雨季

秋

繁花开至尾声，树叶从枝头凋零，清晨的草地上或许会有薄薄的白霜，身体开始感觉到微微寒意。

冬

北风呼啸，雪花飘落，温度骤降。被冰雪封住的大地正默默为来年积聚能量。

旱季

中国人的二十四节气

农作物有着自己的种植和生长周期，要想有好的收成，就需要一张细致的农事活动日历。二十四节气起源于黄河流域。春秋时期，中国人已定出仲春、仲夏、仲秋和仲冬四个节气。以后不断改进及完善，到秦汉时期，依靠不懈的观察和实践，确立为二十四节气。二十四节气就是一本充满智慧的农事活动日历。

节气与农事

春
播种

夏
农忙

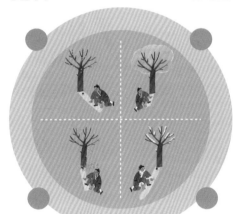

秋
收获

冬
农休

农作物的播种，需要选对时机。每年到雨水节气时，雨量增加，水分充足。再到惊蛰，大地萌动复苏。农人多选清明前后种瓜点豆、植树造林。北方则在谷雨前后播种。

节气行至立夏和小满，农人忙着除草和喷药防虫。芒种前后，是北方收获小麦的时节。棉花则在小暑、大暑节气时进入盛花期，人们赶紧给它整枝。

立秋时分，棉花结铃，玉米结籽。当处暑、白露来临，就可以采摘这一季的新棉花了。秋分到，秋收忙。

立冬来临，天气变冷，大地即将进入休眠期，小雪和大雪也相约而至。人们摁下农事活动的暂停键，囤好食物准备过冬。

二十四节气是怎么确定的？

古时候的中国人观察影子的变化，发现在冬天的某一天影子会变得最长，夏天的某一天则最短，于是就把那两天分别定为冬至日和夏至日，随后又逐渐增加了其他节气。到西汉就有了完整的二十四节气的记载。

立春　　雨水　　惊蛰　　春分　　清明　　谷雨

春

立夏　　小满　　芒种　　夏至　　小暑　　大暑

夏

立秋　　处暑　　白露　　秋分　　寒露　　霜降

秋

立冬　　小雪　　大雪　　冬至　　小寒　　大寒

冬

一年还可以这样划分

很早以前，人们就通过自身的感受和对自然界的观察，逐渐总结出一些规律，进而形成了"年"的时间单位。曾经人们对"年"有过多种划分，并不是现在大家熟知的样子。

埃及

尼罗河被称为埃及的母亲河，河水定期泛滥，给河两岸带来肥沃的淤泥。古埃及人最初把一年分为 3 季，每季 4 个月，分别是：洪水季、播种季、收获季。后来他们发现，天狼星每隔 365 天几乎与太阳一同升起，是尼罗河即将泛滥的讯号。他们把这样的现象两次发生之间的时间定为一年，把一年分为 12 个月，每月 30 天，年尾追加 5 天，形成 365 天的埃及年。

玛雅

玛雅部落的玛雅人曾把一年分为 13 个月，每月 20 天，一年就只有 260 天。有人理解为，这个时间是孩子在母亲身体里发育生长的日子。玛雅人后来又定出一种日历，一年 18 个月，每月 20 天，另加上 5 天禁忌日，共 365 天。

一年的第一天怎么定？

公历新年

很多国家都以公历 1 月 1 日作为新年起始点。在中国，这一天叫作元旦，寓意"初始之日"。那天，世界各地会举行各种庆祝活动，有的游客冒着严寒来到纽约时代广场参加跨年，夜空中璀璨的水晶球缓缓落下，广场上烟花漫天绽放，大家欢欢喜喜地迎接新的一年。

中国新年

中国人习惯把农历正月初一当作新年的第一天，这一天叫春节，是每一个家庭最为期待的传统节日，家家户户都贴春联。春节前的除夕之夜，家人相伴"守岁"，长辈还会给小孩子准备"压岁"的红包。

印度新年

印度西部把每年 10 月 31 日起作为新年，历时 5 天，第 4 天是元旦。元旦那天，印度人会涂满红粉，痛哭流涕，用这种习俗表达对岁月流逝的感慨。

泰国新年

泰国新年为 4 月 13 日至 15 日。新年期间，泰国人不分男女老少，相互泼水，用这样的方式祝福彼此。

一周有几天？

根据天体的运行规律、景色的变换，人们科学设定了日、月、年和四季，终于拥有了表示时间的刻度表。为了让生活更加方便，人们又在这张时间刻度表上人为规定出更详细的周期，就有了"周"（也叫星期）。

古巴比伦人观察月亮盈亏，列出朔、上弦、望和下弦，依序两两之间均为7天，因此一星期7天。

星期制度如今已是全世界公认的制度，很多地方都是以7天为一周，其中1天或2天作为休息日。工作之后，人们休闲放松，度过愉快的周末。

历史上的工作周期

中国汉代的 5 天工作制

中国古代官员曾以 5 天为工作周期。汉朝的官吏每工作 5 天休息 1 天，叫作休沐。官吏会在这一天归家沐浴、侍奉双亲、交游等。

中国唐代的 10 天工作制

到了唐代，中国官吏放假的周期变长了，工作 10 天才能休息 1 天，叫作旬休。

法国大革命中的 10 天工作制

法国革命者曾推翻法国的封建统治，废除当时 7 天一周的制度。革命者规定一周 10 天，第 10 天是休息日，但这种制度很快就被废弃了。

怎样纪年呢？

从古至今，记载时间的维度是多种多样的，不同的朝代、民族、宗教有各自记录时间的方法，有些沿用至今，有些已经成为封存的记忆，不再使用。

干支纪年

古时候的中国人采用天干地支的方法来记录时间。天干原指树干，包含：甲、乙、丙、丁、戊、己、庚、辛、壬、癸十个。地支原指树枝，包含：子、丑、寅、卯、辰、巳、午、未、申、酉、戌、亥十二个。一个天干和一个地支组合在一起可以用来纪年，比如，"甲子年""乙丑年"，共有六十组，循环使用，所以人们常说"六十年一甲子"。

年号纪年

中国的汉武帝开创了年号纪年法，干支纪年就渐渐被取代了。年号一般由两个表达祥瑞的字组成，比如，"开元""天宝"。历代年号中，有的生命力超强，伴随皇帝的一生，而有的仅仅使用了短暂的几小时。

公元纪年

还有一种纪年方法是以耶稣诞生之年定义的：耶稣的生年为公历元年。耶稣诞生年之前的日子被称为公元前，诞生年之后的日子称为公元。现在世界上通行的纪年法就是公元纪年。今年是公元多少年？

十二生肖纪年

生肖纪年，以 12 年作为一个周期，叫作一旬。可每一年都极其相似，又怎么区分呢？

古代计时采用地支计时，十二时辰分别以十二地支名称作代号，而有些动物的习性与十二时辰息息相关，因此古代中国人就用十二种动物和地支相对应进行纪年，每一年有不同的生肖标签，这样就能辨别出今年是什么年啦。经过演变和变化，生肖纪年在越南、缅甸、印度、泰国被流传和使用。

探索生肖的奥秘

中国人以生肖纪年，每个人都有属于自己的生肖，作为自己出生年份的标识。每当春节来临，人们会辞旧迎新，送走一个生肖年，迎来另一个生肖年。你知道自己的生肖吗？年龄和生肖之间又有怎样的关联？

我属猴

我属猪

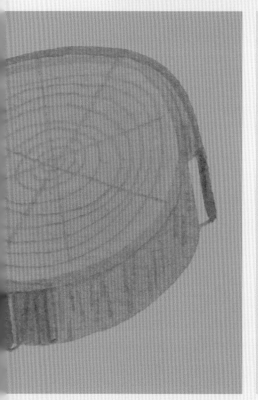

第二章
自然界和
宇宙里的时间

你发现自然界里的时间了吗？

时间是一个永恒的话题。它是一个忠实的朋友，始终陪伴着我们，但又从我们身边悄悄溜走。时间看不见也摸不着，怎样才能准确找到它呢？其实只要用心观察，大自然里处处皆有时间的身影。

藏在植物界里的时间

万物都生长在时间的宽厚的怀抱里，很多随时间的推移慢慢发生变化的事物经常因为微小而被我们忽视。仔细观察你会发现，在这些事物上都能找到时间的痕迹。

一圈一圈的年轮

广袤的森林里，树木郁郁葱葱，有的已然是参天大树，有的还是幼苗。一棵成年大树被伐倒后，横截面上可以看到一圈又一圈清晰的纹路，这个纹路叫作年轮，一圈年轮就代表一岁光阴。原来时间藏身在了树木的身体里，变身为年轮。

开开合合的枝叶

会开粉色伞状小绒花的合欢树，在白天，纤细的枝叶平平舒展开来，一旦暮色降临，叶片就会慢慢闭合垂向下方，像是要入睡的姿态。这是因为，合欢树叶会跟随昼夜温度、湿度和光照的变化发生变化。原来时间寄身在合欢树的枝叶之上。

舒展的状态

闭起来的状态

长寿的巨柏林和大椿

平常我们看到的树木，年纪都在几岁和几十岁之间。可有些大树，简直就是植物界的老寿星，它们的年纪超出了我们的想象。西藏林芝市境内有一片巨大的柏林，已经生长几千年。据说上古时代有一种更长寿的树，叫大椿，它把 8000 年当作一个春季，8000 年当作一个秋季。原来时间见证并陪伴它们经历了漫长的岁月。

不断分裂的植物细胞

植物有生长也有衰亡，在这个过程中，它们体内的细胞一直处于分裂状态。随着时间推移，细胞不断分裂生长，植物慢慢长大并繁衍。显微镜下，可以清晰看到细胞分裂的整个过程。原来时间，就在那最微小的变化之中行走着向前。

报时花

大自然中有很多美丽的花朵，也都各自有着小脾气，只在固定的时间开放。比如，牵牛花喜欢盛放于黎明，葫芦花则喜欢黄昏开放……人们依据它们开放时间的不同，把这些花摆成圆形的钟，开放的花朵就相当于报时的指针。不过，每个地方的生长环境不同，如果纯粹依靠花钟来报时，可不是那么准确呢。

藏在动物界里的时间

植物懂得时间的秘密，而那些喜欢在户外自由活动的小动物们，行踪也带有特别明显的时间规律。它们会在不同的时间段做不同的事情，就好像在用自己的行动报时。

"深夜猎手"

夜深人静、万籁俱寂之时，田鼠出洞了。有着"深夜猎手"之称的猫头鹰，也双目炯炯地出来觅食了。

大雁秋去春回

每当看到天空中有雁群展翅飞向南方，人们就会下意识地说：秋天来了！一直到第二年春天，大雁们才结伴从南方飞回。

蛇蛙冬眠

下雪的时候，青蛙们去了哪里？原来，刚入冬它们就赶紧躲进洞里睡觉啦，蛇也有这样的习惯。它们要睡上一个漫长的懒觉，一直睡到春暖花开，温度回升，才肯出来活动。

雄鸡啼晨

当人们还沉浸于睡梦中，雄鸡已经用嘹亮的啼叫迫不及待宣布新一天的早晨就要来临啦。

蝉鸣盛夏

炎热的夏季，常常听到蝉（知了）在树上"鸣唱"。其实，在爬出地面之前，它们在黑暗的地下要生活很久。有一种蝉，经过 17 年漫长的等待才能钻出地面。每当那种蝉大面积出现时，人们就会感慨：17 年都过去了啊。

37

蜉蝣朝生暮死

有一种很古老的昆虫叫蜉蝣，春夏时节，波光粼粼的水面之上，常能看到成群的蜉蝣翩翩飞舞。蜉蝣成虫的生命旅程非常短暂，它们只能活上几小时到一周，所以有蜉蝣朝生暮死的说法。但即使只有很短的存活时间，蜉蝣也拼尽全力舞动出生命的光彩。

藏在岩石和土壤里的时间

地球上除了辽阔的海洋，还有很多岩石和土壤，它们看起来相似，年纪却有很大差别。不同的岩石和土壤，形成的时间是不一样的，人们常常依据岩石中某种物质的含量或岩石的性质，计算出这些岩石层或土壤层的真正年纪。

岩石和土壤中的化石

岩石和土壤中，藏有一些奇特的"石头"，它们叫作化石。那是很久很久以前，古代地层中遗留的生物以及它们的痕迹变成的。沉睡于岩层或土壤中的化石，每一枚都是时间的记录者，在它们的身体里，藏着属于亿万年前的老故事。

实体化石

现代生活中，我们看到过很多生物。而在遥远的过去，地球上曾有过哪些我们不知道的生命呢？岩石和土壤中由生物遗体形成的化石，如同"时光证人"，能够带领我们穿越时空，看到曾活跃于几十万年前的生物。

琥珀

有些树会分泌大量有黏性的树脂，不知底细的小动物一旦靠上去，就会被树脂牢牢粘住，直至被完全裹住，最后掩埋于古老的土层或岩石里。数万年以后，它们又被人们发现。时间，有时会以琥珀的形式凝固住，直至未来的某天，与我们相遇。

遗迹化石

生物死去后，遗体是很难保存的，所以实体化石并不常见。但是它们活动的印迹，比如脚印也可以形成化石。这些遗迹化石就像是时间密码，让我们可以据此推测，很久很久以前，它们曾在哪里生活过，曾有过什么样的活动。

藏在潮汐里的时间

海洋潮汐是一种周期性运动，白天发生的高潮称为潮，夜晚发生的高潮称为汐。涨潮时，巨浪拍打着海岸，蔚为壮观；退潮后，大海变得脾气温顺，露出宁静的海滩。涨潮和退潮都是有规律可循的。大海看似不羁，其实它的行为遵守着潮汐的时间表。

涨潮的周期

受月球和太阳引力影响，海面每天都会涨落，且很有规律。有的海域一天之内会迎来两次涨潮。每天涨潮时间比前一天迟约 0.8 小时，15 天一个轮回。出海的渔民通过涨潮就可以掐算出时间了。

钱塘江大潮

不同的海域，每天涨潮的幅度也会有不同。很多海域在每个月的新月和满月时分，也就是农历初一和十五前后，潮水涨得最高。中国的钱塘江每年会在农历八月十八左右迎来大潮，潮水由远而近奔驰而来，气势澎湃。人们观赏着那如万马奔腾的大潮，也感悟着时间的力量。

退潮与赶海

人们常说，潮涨潮落。涨潮的时间有规律可循，退潮也一样。当犹如千军万马的潮水缓缓退去，露出平静宽阔的沙滩，可爱的小沙蟹纷纷爬出来。趁着大海流露温柔的一面，人们赶紧去捡拾海滩上的宝贝。退潮的时候，就是人们赶海的时间。

藏在星空里的时间

人们总是喜欢仰望星空，感悟时间的流逝，探寻宇宙的秘密——黎明时出现在天空东边的金星（启明星），在黄昏时已移至天空的西边（称为太白星）。湛蓝的夜空，总会吸引人不由自主地凝视。银盘一般的满月，在每天的仰望中，渐渐瘦成一道细细的弯月牙……斗转星移之间，藏有多少时间的秘密啊。

猎户座

一年四季中，冬季的星空最为壮丽，繁星闪烁在无边的天幕上，吸引着不惧寒冷的星空爱好者们。冬季入夜后，会看到三颗排列整齐的亮星位于正南方天空，即民间所说的"三星高照"。这三颗星星和周围的星星组成了大名鼎鼎的猎户座。它们是冬季星空的主角。

一起寻找时间吧

日月星辰，草木山川，都在跟随着时间的流逝发生变化。不管你所居住的地方是否四季分明，大自然的色彩都丰富而美妙。不妨多到大自然中走一走，留心观察，用心体会，让心灵与时间去对话。

你发现宇宙里的时间了吗？

每当我们抬头仰望夜空，望着那些遥远闪亮的繁星，总会生发无限感慨和强烈的探索欲。宇宙究竟是怎样形成的？宇宙中的天体物质又是从哪来的？宇宙与时间之间，有着怎样的奥秘？

约 140 亿年以后：
人类诞生

约 10 亿年以后：
宇宙诞生大量星系，
银河系形成

约 30 万年以后：
宇宙形成气态物质

约 3 分钟后：
随着宇宙温度下降，
原子核慢慢形成

大爆炸后：
宇宙迅速膨胀，时间产生

宇宙大爆炸

在浩瀚的宇宙中，我们所生活的地球，就如同一粒尘埃般渺小。那么宇宙又是从哪儿来的呢？宇宙最初只是一个"点"，一个密度特别大温度又特别高的点，直到这个点突然爆炸并且不断膨胀，由此产生了宇宙。而时间，也从爆炸的那一刻产生了。

星光是太空里的
流浪计时器

晴朗的夜晚，会有星光闪烁，但我们所看到的星光，其实都来自遥远的过去。因为，天上大多数星星距离我们很远很远，有的星星发出的光需要走上好几年、几十年甚至上千年才能抵达地球。那些光已经在太空中流浪很久了，我们所看到的，不过是时间的投影。

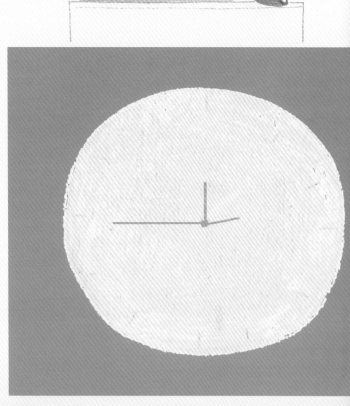

第三章
时间与科学

人们怎么计时呢？

时间伴随着我们。做好对时间的计划与管理，科学安排生活，对我们来说非常重要。从古至今，人类从自然界受到启发并发明创造出很多计时工具。例如，温暖的日光、清澈的流水、燃烧的火焰、流动的细沙……

用日影记录时间

远古时期，人们日出而作，日落而息，天空中的太阳就是指导生活与劳动的天然时钟。与日光为伴的人们，发现随着时间推移，日影会不断变化和移动。为了更加准确地掌握时间，人们开始对日影进行详细观察与记录。

古老的太阳钟 —— 中国圭表

很早以前，中国人在平地上直立一根标杆或石柱，用来观察影子的变化，这根标杆或石柱就叫"表"。在表下再安装一把尺子，用来测量表影的长度，称为"圭"。圭表可以通过测定正午时的日影长度来确定节气、时刻。

登封观星台

郭守敬是中国元代杰出的天文学家，他在河南登封设计并建造了一个 10 多米高的观星台。这个观星台其实就是一个高大的圭表，大大提高了测量精度。郭守敬用它测出一年的长度为 365.2425 日，和我们现在使用的公历年长度相同。

转动的太阳钟 —— 中国日晷

圭表可以测定季节和节气，但是一天内的时间又该怎么测定和记录呢？中国人在高台上斜放一个带刻度的石圆盘，圆心处插上一根长铜针，制成了日晷。晷针的影子投射在圆盘上，慢慢地移动，人们可以根据圆盘上影子指向的刻度来判断时间。移动的针影就像现代钟表的指针，日晷就是古时候的"钟表"。

手提的太阳钟 —— 古印度手杖

古印度的苦行僧，在漫长的朝圣路上风餐露宿，发明出一种随身携带的"影子钟"：在有刻度的手杖上打一个孔，插一根短木钉。只要把手杖上的绳子一提，让太阳光照到钉上，根据木钉影子的长短，就可以判断当下的时间了。

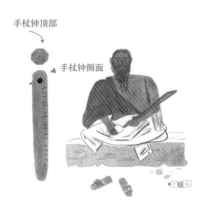

手杖钟顶部

手杖钟侧面

高大的太阳钟 —— 古埃及方尖碑

方尖碑是世界上最早的计时器之一。大约公元前 3500 年，埃及人学会利用方尖碑在太阳下的投影，记录一天中的各个时刻，并利用一年中正午时分方尖碑影子的最长日和最短日，确定出了冬至日和夏至日。

用水记录时间

日晷是利用日影来记录时间，但是，太阳落山以后或遇上连绵的阴雨天，又该怎么掌握时间呢？人们把目光转向了水，开始利用有小孔漏水的漏壶来记录时间。

●漏水的陶罐

●早晨

●上午

下午

●中午

●傍晚

●夜晚

最初的时间规律

远古时代的先民，每天要去很远的地方取水，陶器里装得满满的水会从裂缝处缓缓渗漏出去。眼看离家越来越近了，可陶器里的水却越漏越少。久而久之他们领悟到，陶器漏水有很明显的时间规律呢。

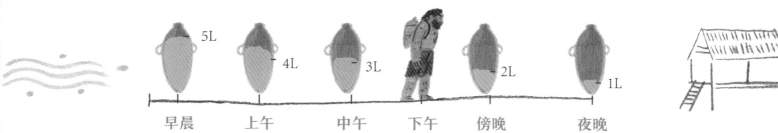

5L　　4L　　3L　　2L　　1L

早晨　　上午　　中午　　下午　　傍晚　　夜晚

漏刻计时

中国周代时出现了漏刻。初期的漏刻只有一只壶，人们在壶中
插入一支有刻度的木箭，箭下用一只舟托着，浮在水面上，观
测刻箭上的水位，就知道是什么时间了。后来，壶慢慢增多，
漏刻计时变得更为精确。宋代的莲花漏还造了 48 支不同的木
箭，根据不同地方的昼夜长短，选择不同的木箭匹配使用。

● 漏壶

● 多级漏壶

● 莲花漏

浮浮沉沉的盂漏

盂漏据说是中国唐代的一个和尚发明
的。在铜盂底部凿出一个小洞，把它
放在水面上，水从洞中缓缓涌入盂
内，当水满到一定程度，盂就会沉下
去。取出盂，倒掉水，可重复使用。
铜盂的大小重量是有一定规格的，一
般一个时辰会沉浮一次。

称出时间的称漏

中国人拥有很多智慧，北魏一个道士还发明了计算时间的称漏。它有一只供水壶，通过一根虹吸管将水引到悬挂于秤杆一端的受水壶中，秤杆的另一端则挂有平衡锤。当流入受水壶中的水为一升时，重量为一斤，时间为一刻。

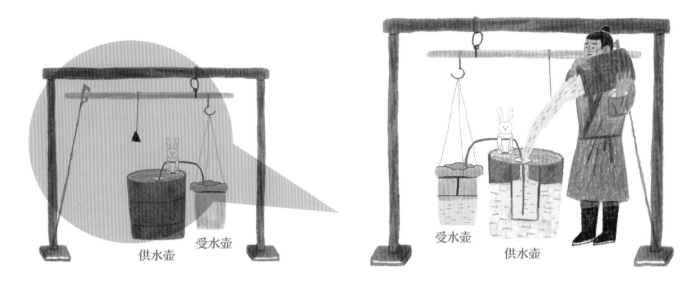

供水壶　　受水壶

受水壶　　供水壶

柏拉图的水钟

两千多年前，古希腊哲学家柏拉图制作出一个水钟，通过调节水流的方式来衡量时间。据说这个水钟还会像闹钟一样，在预定的时间会发出尖锐的声音，提醒他的学生们该来听老师讲课了。

柏拉图

柏拉图水钟

动手做一做

用水测量时间

水钟滴滴答答的声音很像现在的钟，你对它是不是也很感兴趣？一起动手做个简易水钟吧。

准备材料：一个透明的塑料瓶，一个支架，一把剪刀

1. 将塑料瓶的盖子钻一个小孔，小心不要受伤。
2. 将塑料瓶底剪去，倒挂在支架上。
3. 往塑料瓶中加水，每过一分钟，标记水面的位置。
4. 水钟做成了，给它加水计时吧。

用沙子记录时间

你见过商店里的沙漏计时器吗？容器里的沙子漏完后，可以翻转再次计时。在古代，冬天水结冰以后，计时的漏壶便不能使用了，怎么办呢？人们开始用沙子代替水做成沙漏。细沙从一个容器缓缓流进另一个容器，根据沙子流动的数量计时。

中国的五轮沙漏

中国元代新安詹希元发明了"五轮沙漏"跟西方的"沙漏"不同，属于机械钟。流沙从沙池流出，驱动齿轮转动，一个带动一个，最后一个齿轮上带有一根指针，可以指示时刻。这种显示方法很像现代时钟的钟面。

西方的沙漏

西方人在很久以前发明了沙漏。出海远航的水手白天能根据太阳的高度估算时间，到了夜间就有点儿迷糊了，于是航海家们发明了沙漏，后来被西方人广泛应用。他们制作的沙漏像一个小葫芦，流沙从一头流向另一头，很多人随身携带，就像后来的人们习惯戴着手表一样。

现代餐厅里的沙漏

因为拥有了更精确便捷的计时工具，沙漏如今已成了装饰物。不过，它依然可以承担计时的重任。比如去一些餐厅就餐，服务员会在桌上摆放一个小沙漏，专门用来计算等菜的时间。如果桌上的小沙漏漏完了，还没吃上所点的食物，餐厅会给予一些补偿。

用火记录时间

漏刻计时虽然准确，但制作起来特别烦琐，普通老百姓需要更加简单实用的计时工具。人们在生活中又有了新的发现，燃烧着的物体会随着时间推移慢慢变少，比如蜡烛、灯油、香……于是，火钟的身影出现了。

时辰香

有一种简单常用的计时方法，那就是燃香计时。中国人制造出专门的时辰香，在香上标注刻度，只需要看香燃烧了多少，就知道时间过去了多久。有的时辰香还用模具做出弯曲的花样，可以燃烧很长时间。古人常说"有一炷香的时间了"，就是在用香记录时间呢。

定时蜡

常见的火钟还有定时蜡。蜡烛点燃以后，只要周围的环境不变，燃烧的速度基本上是相同的。在蜡烛身上标注刻度，看燃烧的程度就可以记录时间。

定时油灯

古代矿工在矿井中会使用油灯计时。矿工下井时，为方便计算时间，就在矿灯中加入一定数量的油。油快燃烧完毕，就意味着他们的工作快结束了。

动手做一做

感受一炷香（此实验请在家长监护下操作。）

准备材料：香、香炉、计时器（手机或秒表）、火柴（打火机）

我们常常会听人说一炷香、一盏茶的时间，这是多长时间呢？

我们一起去感受一下吧。

00:25:12

神奇的机械动力计时

欧洲早期的机械钟是以重物提供动力。重物往下落，带动钟的齿轮转动，等重物落到最低处，人们再把它拉回到高处，如此循环计时。早期的机械钟计时不够准确，有较大的误差。

世界上最早的机械钟表

提起钟表，耳畔就会自动响起嘀嗒嘀嗒的声响，早期的水钟、火钟只能算是计时器，没有嘀嗒声，不能算真正的机械钟表。中国宋代苏颂主持建造的水运仪象台是世界上最早的天文钟，每天仅有一秒的误差。这座水运仪象台里有36个水斗排成一个圆，水从侧面源源不断注入水斗。受水的水斗由杠杆支撑着，每25秒会装满水转下去，杠杆重新支撑一个空水斗受水。这个杠杆就是最早的擒纵装置，工作时会发出嘀嗒嘀嗒的声音。

教堂吊灯的启示

意大利人伽利略有一次去教堂做礼拜，被一盏吊灯吸引了。他发现吊灯被风吹动后，会前后摆动，一开始吊灯摆动幅度很大，慢慢会变小静止。他摸着脉搏观察吊灯的摆动，发现无论幅度大小，单次摆动完成时与脉搏跳动的次数相同，即时间是一样的。遗憾的是，伽利略并没有把这个伟大发现应用到计时器中。

摆动的钟表

荷兰人惠更斯是历史上著名的物理学家之一。受伽利略的启发，他给钟表安装了摆锤。利用物体摆动的力量来驱使钟表里的齿轮转动。人类史上第一座摆钟就此问世了，摆钟计时比以前的计时工具更加准确。

人们怎么报时呢？

时间对我们很重要，家人常常会问："现在几点啦？"然而在古代，计时工具很复杂，普通老百姓的计时器也不那么精准，出门在外的人更是没办法随身携带。他们是怎么知道时间的呢？这就需要有报时的装置了。

人工报时方法

晨钟暮鼓

在古代，有专人负责以圭表或漏刻测得时辰，然后去击鼓或敲钟报时，让民众知晓。为了让钟声传播得更远，除了铜钟越铸越大之外，还建造出较高的钟楼，与鼓楼相对，朝来撞钟，夜来击鼓，就有了"晨钟暮鼓"的典故。直到现在，有的城市依然矗立着用石砖砌成的高大的钟楼和鼓楼，成了旅游景点。

午炮报时

到了近代，晨钟暮鼓的报时方法被弃用后，中国人有一段时间采用"午炮报时"。正午时分，北京的宣武门城楼上开始鸣炮。工厂的工人，听到午炮即可下班回家，戏园子的午场演出，就以"午炮"为拉幕开戏信号。从清代开始，西安城也有放"午炮"的习俗，向人们报时。

比萨斜塔

西方国家也有很多钟楼，钟楼顶层悬挂着钟，敲钟人以水钟、沙钟计时，再敲钟向城市里的广大居民报时，告知人们聚会或祷告的时间到了。在意大利托斯卡纳省比萨城北面的奇迹广场上，就有一座举世闻名的钟楼——比萨斜塔。它的顶层放有七口大钟。不过因怕洪亮的钟声会震倒歪斜的钟楼，这些钟可从未被敲响过。

巴黎圣母院

法国的巴黎圣母院是历史上最为辉煌的建筑之一，它也有两座钟楼，一南一北相对而立。南边的钟楼有巨钟也有排钟，里面还驻守着敲钟人，以敲钟的方式提醒那里的人们做礼拜和祷告。

打更

白日的喧嚣散去，夜晚的城市也退却繁华，更阑人静。古代人在夜晚是如何知道时间的呢？当时的人们将一夜划分为五更，一更相当于现在的两小时。专门报时的更夫，每过一更就会去街上敲打梆子或锣报时。"半夜三更"，指的是夜晚 11 点到凌晨 1 点。古代有宵禁制度，夜间不准随意出入城门，城内也不允许随意走动。人们

一听到提醒宵禁时刻即将
到来的鼓声，要出城的赶
紧往城门处赶，城外的也
加快脚步返回城内，直到
第二天早上晨钟敲响之后，
才可以自由进出。

71

自动报时

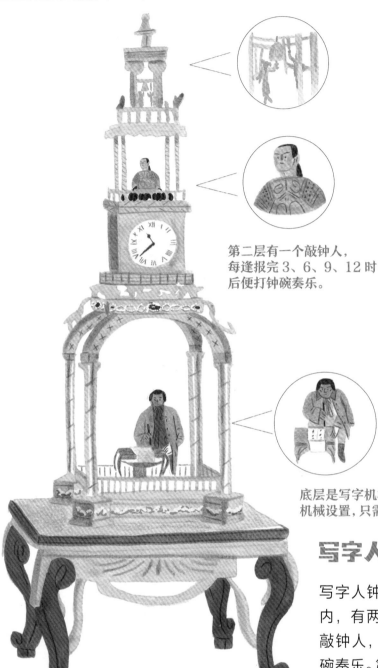

第二层有一个敲钟人，每逢报完 3、6、9、12 时后便打钟碗奏乐。

底层是写字机械人，是一套独立的机械设置，只需上弦开动即可演示。

大明殿灯漏

古时候的人们真是太有智慧了，不仅会使用水来计时，还开发出了自动报时功能！元代郭守敬发明的大明殿灯漏，外形很像宫灯，灯漏里有小人拿着不同的器物，在不同的时刻会敲击不同的器物，人们只要通过听声音的区别就知道时间了。

写字人钟

写字人钟像一座铜镀金的四层楼阁。顶层的圆形亭内，有两人手举一个圆筒作跳舞状。第二层有一个敲钟人，每逢报完 3、6、9、12 时后，就会打响钟碗奏乐。第三层是钟的计时部分。底层是写字机械人。

香闹钟

带着对生活的热爱，人们还发明出用更香做的"闹钟"。在更香需要断裂表示时间处悬挂小金属球，香燃烧到这个地方，烧断绳子，金属球就会掉到下方的金属盘子里。掉落的响声就像闹钟一样，提醒人们某个时间点到了。

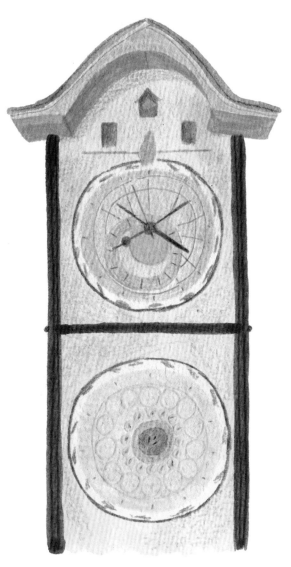

自鸣钟

机械钟被发明以后，渐渐又具备了自动报时功能。大到挂在塔楼或墙上的大型机械钟，小到家里摆在桌上的小机械钟，都可以准确地自动报时。伴随着自鸣钟清脆的声响，时间的铿锵击打声传向四面八方。

越来越常见的闹钟

现代生活中，钟表早已寻常可见，且报时的方式越来越多样。有的是弹出一只布谷鸟报时，有的就是发出最简单的丁零的声音。早晨家里叫醒你起床的闹钟，是发出什么样的声音呢？

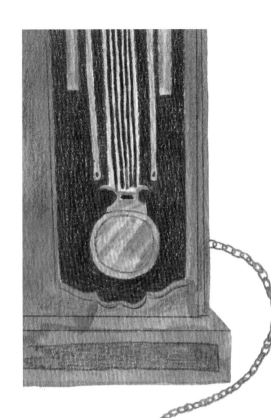

现代的计时工具

早期的机械钟，体积相当大，不方便携带。人们发明出螺旋弹簧和发条之后，钟表不再需要带摆锤，变得越来越小巧了，可以揣在衣兜里，也可以戴在手腕上。时代更替，现代计时工具多种多样，功能也更加完备。

潜水表

喜欢探索水下世界的人们，需要佩戴专门的潜水表，防水性强就是潜水表最大的特点。它的夜光指针和刻度，便于在深水中读取时刻。它还可以提示已潜水时间，帮助潜水者有足够时间安全上升，顺利完成美妙的深水体验。

月相手表

把月相的神奇变化展示在一枚随身佩戴的手表之上，这是多么有趣的创意！月相手表的表盘设计成星空模样，星空上的月亮形状，会随着日期变动发生变化。

航天表

中国航天员飞入太空时，佩戴着专门的航天手表。在浩瀚的太空中，它可以承受住强烈的震动、高能辐射和巨大的温差，能够准确指示时间，陪伴航天员完成了不起的航天之旅。

最早的手表

1806 年，拿破仑为皇后定制了一块手镯状的手表，这是目前所知道的关于手表的最早记录。当时的男性流行佩戴怀表，手表被视为女性的饰物。

精确且多功能的表

对平常人来说，0.1 秒简直可以忽略不计，但对比赛中的运动员却至关重要。奥运会在很久以前一直采用人工计时，但假如两个运动员几乎同时到达终点，裁判员就很难判断谁先谁后。1912 年，斯德哥尔摩奥运会在田径比赛使用辅助电子计时和终点摄像设备，成绩精确到 0.1 秒。1932 年的洛杉矶奥运会采用全自动电子计时，成绩精确到了 0.01 秒，比赛从此更加公正。

电子表

电子表就是内部装配有电子元件的表，液晶屏可以显示时间，计时更为准确，还能显示星期和日期。电子表设计新颖，很受欢迎。

电话手表

手表已不只是单纯显示时间的工具了，互联网时代的智能电话手表还可以接收信号、搜索信息和定位，还能接打电话，外形小巧，功能强大。

健康手表

人们以前就想过，如果随身佩戴的手表能够读懂身体讯息，帮助监测身体健康状态就好了——这个想法已成为现实，智能健康手表不仅可以显示时间，更可以监测佩戴者的血压和心率，提醒吃药，甚至进行紧急呼救。

手机

当人们意识到时间在流逝之后，就特别希望能够掌控住时间。现代人的时间观念越来越强，只是大部分人不再通过佩戴腕表的方式来了解时间了。握在手上的手机能随时显示当下时间，手机已成为现代人生活中非常重要的计时工具。

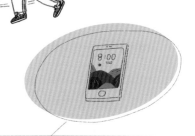

混乱的时间

地球上有很多个国家，有的地方置身黑夜，有的地方正迎来白昼。世界各地都有属于自己的一张时间表，怎样才能统一使用时间呢？

24 个时区

在每个地方生活的居民都习惯了当地的时间制度，谁都不想放弃自己的时间规律。于是，世界就以经度每 15° 为 1 个时区，分为 24 个时区，以英国的格林尼治所在时区为零时区，相邻的两个时区时间上相差 1 个小时。东西半球各有 12 个时区，同一个时区采用相同的时间。

当人们坐长途航班抵达另一个国家之后，就需要使用当地的时间。因为时差的缘故，人们需要一至两天的时间调节作息习惯，跟上当地的昼夜节奏。

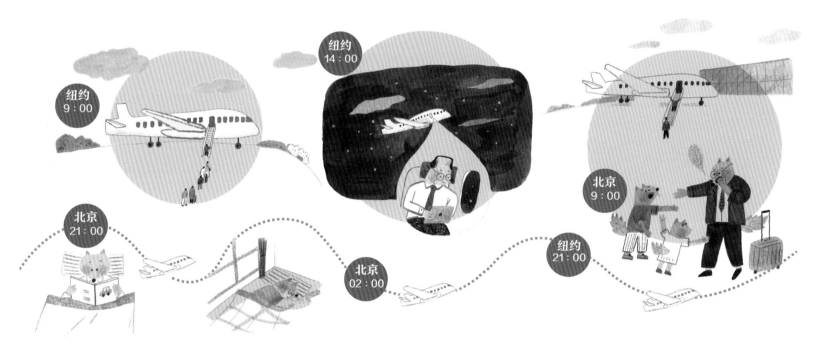

国际日期变更线

东西十二区中间有一条弯弯曲曲的线，它穿过太平洋连接南北极，并且避开了几乎所有的国家和岛屿，这条线就叫作国际日期变更线。无论是飞机还是轮船，只要越过这条线，日期就要改变。从东向西越过这条线时，日期要加一天；从西向东越过这条线时，日期则减一天。当人们坐长途航班抵达另一个国家之后，就需要使用当地的时间。

北京上午 10 点

西部上午 10 点

统一的北京时间

中国国土辽阔，跨越经度超过 60°，原本可以划分为 5 个时区，但为了方便，中国只使用一个时区的时间。首都北京位于国际时区东八区，就采用东八区的区时作为标准时间，即我们常说的北京时间。

北京时间从哪里来？

其实啊，"北京时间"并不是"北京当地的时间"。"北京时间"的发播并不在北京，而是在陕西蒲城。那里建立了中国科学院国家授时中心授时部，为中国标准时间授时，是"北京时间"的发源地。

第四章
感受时间

时间就是生命

人类制造设定测量时间的工具和方法，并以时间的长度来衡量生命的长短，比如，人类已经诞生多少年，一个人活了多大岁数，等等。在这条单向流动的时间线上，我们感知着每一个日出日落，感受着四季交替循环，深深体悟着"时间就是生命"。

00:00
地球诞生。

3:38
进入太古宙
细菌和藻类出现。

14:10
进入元古宙
蓝藻和细菌繁盛，
无脊椎动物开始出现。

21:01
进入显生宙古生代
鱼类、两栖类、
裸子植物出现。

22:42
进入显生宙中生代
恐龙、被子植物、
鸟类出现。

23:59
进入显生宙新生代
人类出现。

相对的时间

从地球诞生到人类出现，其间经历了悠远绵长的岁月。如果将地球的生命看作一天24小时的话，那么人类出现才1分钟。

五十亿年

人们常用"沧海桑田"形容在漫长的一段时间里发生的巨大变化。碧海变成桑田，桑田又变成大海，可能需要数万年甚至数亿年时间。对人类而言，五十亿年的岁月太久远了，但对于地球而言，似乎仅仅是一瞬间。

五千年

人类的祖先由森林古猿演化而来，经历了几百万年的进化过程。几千年前，人类才走进文明时代。五六千年的人类文明史相对悠久的人类历史来说，只是时间线上极短的一小段。

百年一生

人的寿命大致是以百年为极限，一个人在他的百岁人生中，经历着日落日出，四季轮回，对地球而言，百年只是弹指一挥间。

时间也是人的感受

时间虽然看不见摸不着，但在我们心里都会有一个无形的钟表，始终以嘀嗒嘀嗒的声音伴随着每一个当下。每个人对分秒的感受都是一样的吗？也许并不是。不同的年龄，不同的心境，会对时间产生出不一样的感受。

老年人为时间的飞逝而哀伤，觉得一年一年过得可真快啊。小孩子总是期盼快快长大，日子能不能过得快一点儿啊，连夏日的午睡都显得那么漫长。

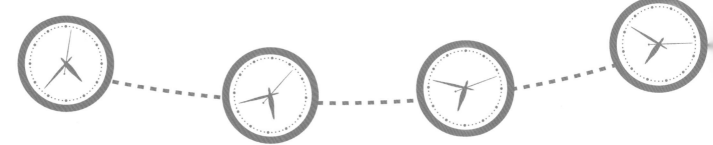

时间之美： 流逝的美

时间像一个顽皮的小孩子，和我们玩着捉迷藏的游戏，你以为能稳稳捉住它，它却早已灵活地从指间溜走了。

作家朱自清写过这样一段话："洗手的时候，日子从水盆里过去；吃饭的时候，日子从饭碗里过去；默默时，便从凝然的双眼前过去。我觉察他去的匆匆了，伸出手遮挽时，他又从遮挽着的手边过去，天黑时，我躺在床上，他便伶伶俐俐地从我身上跨过，从我脚边飞去了……"

你看，时间的脚步就是这样匆忙。就在我们读这本书的时候，它已跟随翻动的书页一点一点流走了。时间之美，就在于永不复归的流逝之美。

阳光透过窗户，在地板投射下光影。时间就是搬运工，不停地挪动着光影的位置……

打开水龙头洗手，时间就是哗啦啦的、抓不住的流水……

瞌睡的午后，闭上眼睛休息，从梦中醒来的那一刻，时间跟着梦一起消失了……

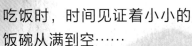

吃饭时，时间见证着小小的饭碗从满到空……

风吹动蒲公英，时间举起蒲公英的小伞悠悠飘向远方……

焰火照亮夜空，时间是转瞬即逝的璀璨……

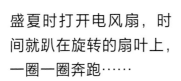

盛夏时打开电风扇，时间就趴在旋转的扇叶上，一圈一圈奔跑……

月亮从树梢转过屋檐，装饰着人们的窗户和梦，时间就是那温柔而宽厚的俯视……

打雪仗时，时间就是那来回穿梭、终将融化的雪团……

小猫将织毛衣的线团当成了玩具，时间就跟着线团，在地上咕噜咕噜滚来滚去……

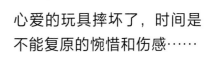

心爱的玩具摔坏了，时间是不能复原的惋惜和伤感……

夜深人静的书桌前，时间就是笔落在纸上发出的沙沙声……

点花灯闹元宵，传统的元宵节到了，将至尾声的年味儿正顺着元宵的热气悄悄消散……

"轻罗小扇扑流萤"，静谧的夏夜，仍有萤火虫打着小灯笼在飞舞，总想在这时候再重温一遍七夕的传说……

"三月三，荠菜花……"田野里的荠菜已经开花。那特殊的清香是时光的提醒：农历三月初三啦……

每当家家户户悬挂艾叶菖蒲，每当空气里飘动着诱人粽香，嗅一下就知道，又到天气渐热的端午了……

河边已是"万条垂下绿丝绦"的春日美景，时节的画卷不知不觉间已翻到清明这一页……

时间之美：轮转的美

时间像一匹飞奔的小骏马，嗒嗒嗒……嗒嗒嗒……你跑它也跑，你停在原地，它还是向前，经过昼与夜，经过流转的四季，经过我们渐渐远去的童年。

这匹不知疲倦的小骏马带着我们在生命的旅程中驰骋，带我们领略时令更替、自然风景的变化，感受时间的轮转之美。

腊月小年已至，人们备好丰盛的食物祭祀灶王爷，祈求来年平安……

在桂花的芳香中仰望同一轮圆月，分食同一枚月饼，祈祝同一个愿望，中秋是享受亲人团圆的时光……

一盏盏河灯载着深情飘向远方，时间转到中元节，空气中有思念的滋味，有稻米新收获的馨香……

冬至是寒冬即将开始的前奏，家人合力包一顿饺子，是会绵延整个冬日的温暖……

菊花迎霜绽放，人们踏秋登高，在重阳节的浓浓秋意中，观赏季节色彩的更替……

热腾腾的腊八粥，拉开将要迎接新一年的序幕，也是时间轮转的见证……

贴春联、放鞭炮，人们欢送走所经历的一整年的光阴，此刻，也是家人欢聚的除夕之夜……

动手做一做

准备材料：相机

时间存在在我们生活的每个角落，匆匆而逝，四时变换。让我们一起去感受时间之美吧。

1. 带着相机去寻找时间之美，感受时间之美，将你发现的美拍下来。

2. 将拍摄的照片洗出来挂在墙上，在美丽的照片墙中，你能发现时间的脚步吗？

生命的慨叹

人类喜欢以诗歌的方式来抒发心中的感叹，表达对时间无限的向往。但也努力创造着各种灿烂的文明，以此为坚固的载体，传承伟大的生命力和创造力，让它们不为时间长河所淹没。

古人的叹问

古人对宇宙万物有着自己的探索，他们曾向日月星辰发问——是谁先看到了月亮？月亮又是从什么时候开始照亮了世人？在不断思悟中发现，时光飞逝向前，永不回头，生命有限，唯有珍惜时间，才能拥有时间。

孔子

"逝者如斯夫，不舍昼夜"——光阴似箭，一去不返，古代先哲孔子曾生发过如此感慨，好像在对我们唠叨着："你看光阴啊，日复一日，夜复一夜，正不断离我们而去。"

屈原

《天问》是屈原楚辞中的一篇"奇"文，他观察日月山河，提出很多疑问，比如，天地如何起源，月亮为何有圆缺，等等。

李白

"昨日之日不可留""黄河之水天上来，奔流到海不复回""朝如青丝暮如雪"——诗仙李白曾感叹时光难驻，描述时间如同奔腾的黄河，一去不复返，早上头发还是青丝，到晚上就成了白发。他以豪迈慷慨的诗句，把时间的流逝感描述得如此神奇生动。

追求长生与不朽

随着时间流逝，人的自然寿命也会逐渐走向终点。自古以来，各朝各代的帝王都试图破译时间的密码，获得长生不老的神丹妙方。

海外寻仙

秦始皇听说蓬莱仙岛住有仙人，便派徐福等人去海外求药。徐福带着大批金银财帛出海，自此杳无音信，秦始皇的长生梦也随之破灭了。

承露盘

汉武帝也想长生不老，他派人修建了高二十丈的承露盘。据说用承露盘接的露水混合玉屑服用可以让人长生不老，可最终汉武帝还是去世了。

炼丹

道教盛行时，道家认为金丹可以让人长生，于是很多人沉迷炼丹。然而火炉炼出的金丹不仅不具备长生功效，还会让人中毒，丢掉性命。

古鼎

生命是一趟旅程，有起点有终点，"永远活着"只是人们的一个梦想。为了追求时间的不朽，古代人制作出坚硬的青铜器并刻上铭文，毛公鼎即是这样的稀世瑰宝，带着古人厚重的希望，穿越时间隧道，与后人相遇。

石碑

古人觉得坚硬的石头能耐住时间的侵蚀，可以作为传承之物的坚实载体。陕西省的西安碑林，碑石丛立如林，见证着人们对时间不朽的追求。

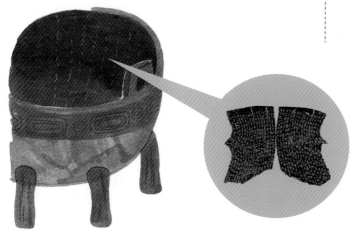

历史遗物与遗迹

世界上现存有很多历史遗物和遗迹，被时间的尘埃层层淹没，但终究拨云见日呈现在我们面前，它们都是时光的证物，更是时间的密码。考古学家研究这些遗物时，推断出物品产生的年代，还能推测当时发生的事情，还原并重温那段厚重的历史。

考古现场

考古层

嵩岳寺塔

位于河南嵩山南麓的嵩岳寺塔是北魏时期的遗迹，1500 年的岁月之中，它历经风霜洗礼，仍坚固不坏。嵩岳寺塔是中国和古印度佛教建筑相融合的早期实物见证。看到它，就仿佛穿越历史的光影，走进北魏时期文化融合交流的盛景当中。

敦煌莫高窟

位于甘肃省敦煌东南的敦煌莫高窟，被誉为"沙漠中的美术馆"和"墙壁上的博物馆"，以精美的壁画和塑像闻名于世。它曾被时光封存，被人们遗忘，走近它的人们，都像是在进行一次穿越时空的冒险。

布达拉宫

位于西藏拉萨西北角玛布日山上的布达拉宫被誉为"世界屋脊上的明珠"，是一座宫堡式建筑群，相传是松赞干布为迎娶文成公主而兴建的。它是西藏建筑的杰出代表，是中华民族古建筑的精华之作，是文化交融与对话的见证。

乔布斯时间胶囊
1983 年，乔布斯曾在美国埋下一个时间胶囊，30 年后重新被挖掘出来。

乔布斯在时间胶囊里放置了魔方、鼠标等。

旅行者号带入太空的镀金铜制唱片

超越时间与生命

古人把他们的智慧与文明，在时间中保存与传递。现代的我们也希望能够突破时间的局限，把人类的文明结晶完好地传递给未来的接棒者。

时间胶囊

怀着期待的心，希望未来的人能感受到惊喜。现代人制作了很多时间胶囊，有的很迷你，有的大得像房子。胶囊里封存了现代社会具有代表性的物件，并设置了未来启封的时间。

冷冻基因库

自从生命出现以来，地球上有很多物种已经灭绝了。人类计划建造一个冷冻基因库，将濒危物种的基因冷冻起来，希望未来的科学家能够拯救和复原它们。

传向太空的声音

人类给飞船搭载地球上各个民族优秀的音乐，然后发射去往太空。如今，它在宇宙中遨游寻觅，期待有一天与其他星球的文明友好相遇。

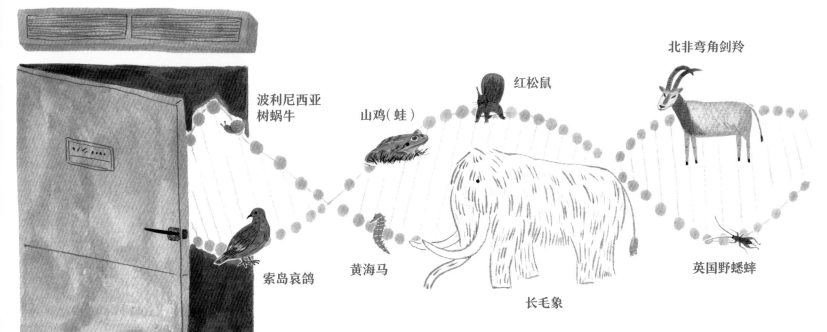

波利尼西亚树蜗牛

山鸡（蛙）

红松鼠

北非弯角剑羚

索岛哀鸽

黄海马

长毛象

英国野蟋蟀

时间长河的沉淀物

当单个生命随着时间的流逝，从这个世界消失，仍会以各种形式在时间之河中留下痕迹。人类繁衍生息，延续着基因和血缘，祖先们创造出的经验和技能也能逐渐积累，代代相传。

人类繁衍生息

人类在地球上生存与繁衍，随着时间演化并长存，依然有着和老祖先相似的容貌特征，有限的生命通过基因的传递战胜时间的无情。

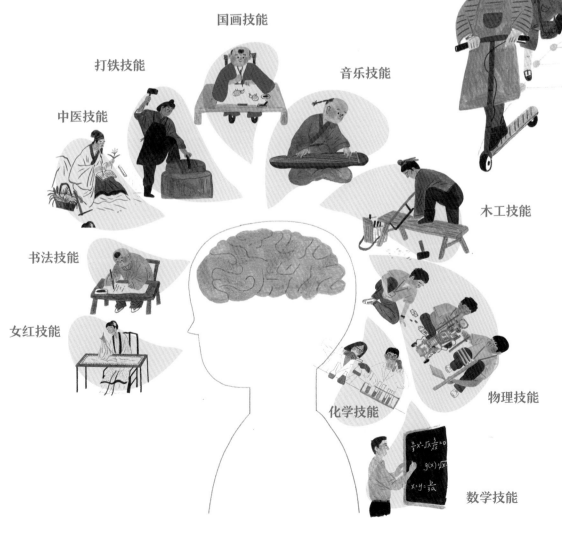

国画技能

打铁技能

音乐技能

中医技能

木工技能

书法技能

女红技能

物理技能

化学技能

数学技能

原始人

古代人

现代人

知识技能传递

远古时代的祖先们在实践中练就生存的本领并创造了丰富实用的知识，人们通过模仿、教育等手段，将这些宝贵的技能和各种知识，在时间长河中接续传承下去。

珍惜当下的时间

对生命而言，时间是最公平的存在，因为每个人的一分钟和一小时，都是一样的长度。时间的方向指向未来，每一分每一秒都弥足珍贵，我们应该认真地过好当下，增加时间的厚度。

珍惜和朋友在一起的时光，喝茶聊天，轻松愉快。

珍惜和知己在一起的时光，弹琴唱歌，灵魂碰撞。

珍惜一个人的独处时光，享受孤独，美好自在。

珍惜夜晚的时光，感受温馨，柔和安静。

图书在版编目（CIP）数据

时间从哪里来 / 狐狸家著. -- 北京：中信出版社，
2022.10（2025.1重印）
ISBN 978-7-5217-4099-8

Ⅰ.①时… Ⅱ.①狐… Ⅲ.①时间－儿童读物 Ⅳ.
①P19-49

中国版本图书馆CIP数据核字(2022)第040221号

时间从哪里来

著　　者：狐狸家
总 策 划：阮凌
绘　　画：大凤
特约美编：徐骅
特约文编：李秀丽
文字润色：柴岚绮
装帧设计：丁运哲
出版发行：中信出版集团股份有限公司
　　　　　（北京市朝阳区东三环北路27号嘉铭中心　邮编　100020）
承 印 者：北京瑞禾彩色印刷有限公司

开　　本：889mm×1194mm　1/12　　　印　　张：9⅔　　　字　　数：173千字
版　　次：2022年10月第1版　　　　　印　　次：2025年1月第5次印刷
书　　号：ISBN 978-7-5217-4099-8
定　　价：98.00元

出　　品：中信儿童书店
图书策划：火麒麟
策划编辑：范萍　　　　　执行策划编辑：郭雅亭　　　　　责任编辑：王琳
美术编辑：韩莹莹　　　　内文排版：索彼文化

狐狸家
为孩子讲好每一个东方故事

狐狸家，原创童书品牌，为孩子讲好每一个东方故事。狐狸家唯愿中国儿童爱上母体文化，观世事、通人情、勤思辨，学会一世从容的做人风范。

《时间从哪里来》是一套兼顾科学与人文的生命启蒙百科。书中有"很中国"的视角：天干地支、阴历阳历是什么意思？"逝者如斯夫"透露出怎样的时间观？也有"很硬核"的科普：时间的概念与划分、时间是否有尽头……这套书希望通过提问的方式，引导孩子不断思考关于时间和生命的一切。

扫一扫 ▶

小程序商城

微信公众号

小红书

狐狸家其他作品推荐

西游记绘本
水墨珍藏版经典系列
孩子一眼着迷，轻松读懂名著

楚辞（绘本版）
全新演绎千年之绝唱
五岁读懂楚辞，领略经典之美

哇！历史原来是这样
装进口袋的历史小书
爆笑生活简史，搞定历史启蒙

小狐狸勇闯《山海经》
山海经穿越冒险故事
亲临上古奇境，追寻华夏之源

给孩子的神奇植物课
百草园里的四季童话
跟随千年药童，探秘东方智慧

国宝带我看历史
中国版"博物馆奇妙夜"
照亮馆藏国宝，体验穿越之旅

封神演义绘本（待上市）
中国神话的扛鼎之作
长篇全彩绘本，适合儿童启蒙

中国神兽
治愈人心的神兽故事
颠覆刻板印象，爱上年兽麒麟

中国传说
别具一格的独幕游戏
现实上演奇幻，童话演绎传说

全景找线索·古典文化
古典作品沉浸式游戏书
玩转名画名著，体验中国历史

全景找线索·丝绸之路
丝绸之路沉浸式游戏书
打通古今时空，重走海陆丝路

全景找线索·传统节日
中国节日沉浸式游戏书
漫步城市生活，了解传统节俗

中国人的母亲河·黄河
读懂中国人的母亲河
儿童沉浸视角，人文地理百科

漫画史记故事
孩子的启蒙版《史记》
多格分镜漫画，呈现原汁原味

丽人行（绘本版）
用童话读懂古典长诗
五岁开始启蒙，领略唐诗之美